文　吳海傑

圖　楊家名

細路都識法

目錄

序

　　兒童文學的形式和內容，多姿多采，安徒生童話、格林童話，更是世界聞名。像童話一樣，本書也是寫給兒童的故事，它的特點在於每個故事中都有一些涉及法律的元素。書中共有 26 個故事，故事中的主角是晴晴（一位小學五年級的女生）、她的哥哥朗朗（就讀於中學一年級），還有名為「法寶」的貓咪。法寶能與晴晴和朗朗討論他們在生活中遇到的問題。故事的內容都取材自孩子的日常家庭、學校和社交生活，書中圖文並茂，應該是孩子們喜歡看的一本書。

　　孩子在成長過程中，必須學習是非對錯的標準和善惡的概念，長大後才能成為一個誠實、正直、有責任感和可以信賴的人，緊守自己的崗位，對社會作出貢獻，成為我們未來的社會的棟樑。在現代社會中，很多是非對錯的標準和善惡的概念，都是透過法律的原則和規範來表達和體現的，所以認識有關的法律原則和規範，便等於認識了相關的是非對錯的標準。法律的最根本精神，在於訂出社會成員在他們的群體生活中應共同遵守的行為規範，大家能遵守這些規範，社會的公共福祉和利益便得以保障，每個個人的尊嚴和權益亦得以保障。孔子有云：「己所不欲，勿施於人。」這個最基本的道德和倫理原則，也是很多法律規範的基礎，因為法律要求我們尊重其他人的尊嚴、權益和自由，法律要求我們在行使我們自己的權利和自由的同時，也須履行我們對他人和社會的責任和義務。

本書作者吳海傑博士是我十分敬重的一位同事，他不但有豐富的法律執業經驗，而且在教學和學術研究上也有傑出的貢獻。我十分高興見到這本他為小孩子寫的讀物問世，我深信這本書和這類的兒童文學，能有助於孩子們的健康成長，啟發他們思考，並培養他們辨別是非的能力。佛教有云：「諸惡莫作，諸善奉行」；基督教有云：「行公義，好憐憫」。優良品格的培養，必須從兒時開始。

陳弘毅

香港大學鄭陳蘭如基金憲法學教授

2017 年 9 月 12 日

自序

　　十年前我已經很想寫一本給小朋友讀的法律書，但是用什麼形式寫是一個重大的問題。這不單是法律知識內容的問題，還是教育範式的問題。以往都有一小部分的法律書針對年輕讀者，但那些書多是從法律人本位的角度出發，介紹法律人覺得需要的法律知識給小朋友，有的甚至用法律人的語言表達方法寫出來，把那些以不正常中文文法寫成的法律條文，一字不漏地照搬出來給小朋友讀，小孩子哪會有興趣去讀呢？

　　所以我一直沒有寫這本書，是因為我知道寫法律不難，但要讓小朋友有興趣讀是十分困難的。直至我有了兩個可愛的女兒，我才知道成人本位的教育方法是吃力不討好，事倍而功半的。要讓孩子明白道理，你先要讓他知道為什麼要明白（除了因為父母要求之外！），明白了道理和他們的生活有什麼關係，進入他們的想像裡衡量利害點，從這個角度我重新思考如何寫一本法律書給小朋友。

　　教孩子學習知識應該以孩子為本位，所以我決定寫一本不具深度和闊度，但是非常到位的法律繪本書給讀高小和初中的孩子。這本法律書從他們的生活出發，用法寶貓咪的繪本故事描述孩子每天生活裡的法律元素。這本書不要求孩子很認識法律，而是希望他們有興趣繼續留意和思考日常生活裡的法律問題，讓小朋友知道法律不是沉悶的規矩，而是日常生活的有趣部分。所以這本書是根據孩子平日的家庭生活、學校生活和社交生活來編排，並不是用法律屬性來歸類。*

　　我希望這本書不單可以成為小朋友法律書的新範式，更可以成為其

他知識類課外書和父母教養小朋友的範式：一種以孩子生活和思考角度為本位的教導方法。

這本書能夠順利出版，有賴很多朋友的幫助和支持。首先要多謝三聯書店侯明總編輯、張艷玲和顧瑜編輯慷慨給予空間和耐性，讓我創作這本書。第二，我要多謝插畫師楊家名小姐，雖然我和她從未謀面，但只是透過現代通訊科技，我們居然能夠達成默契，合作完成這本書，實在是難得的緣分。第三，我非常感謝香港大學法律學院的張曉嵐同學協助收集資料，和學院同事義務幫我審閱書裡的法律原則，特別要多謝李雪菁副教授和任文慧首席講師在繁忙的教學日程裡抽出時間幫忙（所有文責當然由我自負），我還要感謝陳弘毅教授為本書作序。最後，我一定要多謝我太太張雪玲和我的兩個女兒熙瑜和昭瑜。熙瑜和昭瑜講了很多有趣的真實故事給我參考，還為這篇序畫了插圖。

最後，我希望小孩子讀完這本書後會知道香港是個守法知禮的社會，法律雖然不能夠解決所有問題，但可提供最基本的保護。而這種保護未來能否維持下去，便要靠讀這本書的一代人了。

2017 年 5 月 21 日
寫於牛津大學 University College 宿舍

---

* 雖然書中提到日常生活裡的法律問題和法律後果，但要先說明的是，香港法律在一些情況下對未滿 16 歲的少年人和兒童給予特殊對待。例如，根據香港法例第 226 章《少年犯條例》第 3 條，所有 10 歲以下的兒童都毋須負上任何刑事責任，任何未滿 14 歲的兒童不能被判處監禁。本書的法律資訊來自不同的參考材料，其中包括「香港法律資訊中心」（www.hklii.hk）和「社區法網」（www.clic.org.hk），特此鳴謝。

作者的一雙女兒吳熙瑜和吳昭瑜畫。在孩子心中，帶着假髮、手執木槌的法官，既高高在上，卻也不乏仁慈和可愛的形象。

法寶和他的好朋友

法寶

出生於九龍的一條村，薄扶林學院畢業，識法律、有正
義感的熱血貓咪。晴晴與朗朗兄妹的好朋友，住在他們
家中。

晴晴

朗朗的妹妹。小五女生，愛看書和電影，樂於助人。

朗朗

晴晴的哥哥。中一男生，愛踢足球，有時頑皮，心地善良。

屁屁群組

有圖有真相

非禮勿藏

非禮勿動

校園欺凌

父母打仔
天經地義？

紅牌出場

踏單車

守法知禮

屁屁群組

　　彤彤是晴晴的同班同學。上數學課的時候，彤彤因為肚子不舒服，忍不住放了一個大屁，這下可了不得啦，全班同學都哈哈大笑，還有人小聲說：「臭死了！臭死了！」彤彤自己也覺得很不好意思，漲紅了臉，一聲不吭。

　　下課後，有幾個同學繼續取笑她，在她身後一邊蹦蹦跳跳一邊齊聲叫：「臭屁怪！臭屁怪！」他們還在手機短訊群組裡開了一個「屁屁群組」，邀請其他班的同學加入，大家在群組裡爭相給彤彤起綽號，拿這

件事開玩笑。

　　更過分的是，有同學將「屁屁群組」的對話和彤彤的照片放到社交網站上，吸引了很多不認識的人在帖文下面評論，有人說：「幸好她不是我的同班同學！」「這也太丟臉了吧！」還有人說：「要是我，會不好意思上學了呢！」

　　彤彤躲在家裡大哭，不願出門，連學校都不願意去了。

Q 晴晴對這件事感到很憤怒，她問法寶該怎麼辦。

A 法寶答道：「在社交媒體集體取笑彤彤這件事，已經是網上欺凌，你要盡快報告學校，讓老師責罰參與網上欺凌的同學，還要讓上傳帖文的人盡快把它刪掉。」

網上欺凌指的是利用社交網站、聊天室、討論區等網絡資源對他人進行騷擾、抹黑，披露他人真實身份、誣陷他人等。嚴重的網上欺凌會構成誹謗（參見香港法例第 21 章《誹謗條例》）、刑事恐嚇（第 200 章《刑事罪行條例》第 24 條）及侵犯個人私隱〔第 486 章《個人資料（私隱）條例》〕等違法行為，需要承擔相應的法律責任。青少年和兒童遇到網上欺凌事件應該立即向家長、老師或其他值得信任的成年人求助。

2

有圖有真相

又到放學時間啦！朗朗和浩天走出校門時，看見兩個高中生在那裡吵架，他們滿口粗言穢語，真是難聽。

浩天說：「在學校門口這樣，太過分了吧！」他一邊說一邊趕緊拿手機出來，拍下他們爭執的過程，回家後還把短片上載到社交網站。

沒想到短片吸引了很多人看，大家紛紛留言說：「現在的學生品德真的很差！」「有沒有腦子啊！」「他們的父母一定沒有好好管教他們吧！」有人甚至說：

「一定要把他們起底，讓大家看看他們住在哪裡、叫什麼名字！」浩天覺得很開心：「嘩！我的影片這麼受歡迎，我可是做了件好事呢，看以後還有沒有學生敢在公眾地方罵髒話！哈哈哈！」他也很積極地跟網友一起批評和挖苦。沒過多久，真的有人找出了這兩個高中生平時的照片，大家更興奮了，又是一番狠狠的諷刺和謾罵。

　　老師知道後，罰了兩個爭執的高中生。可是，老師也將浩天叫到一旁，對他說：「你做了錯事，所以你也要受罰。」

法寶問答時間?

Q 朗朗對老師的話感到很奇怪，就問法寶：「為什麼老師不僅罰兩個講粗言穢語的學生，還要罰浩天？浩天沒有參與他們的爭執呀！」

A 法寶說：「講粗言穢語的高中生固然應當受罰，但浩天沒得到他們同意，就把短片放上社交網站，引來很多人對這兩個高中生和他們的家人作沒有根據的攻擊和諷

刺，讓他們承受不必要的壓力和滋擾，這已經是網上欺凌了，是不容許的；而且，對他人作出一些沒有事實根據的批評，更可能要負上誹謗的法律責任呢！」

法寶資訊　網上欺凌・朗朗篇

嚴重的網上欺凌會構成誹謗（參見香港法例第 21 章《誹謗條例》）、刑事恐嚇（第 200 章《刑事罪行條例》）及非法使用他人資料〔第 486 章《個人資料（私隱）條例》第 64 條〕等違法行為，需要承擔相應的法律責  任。在這個事件中，網友和浩天對於兩個高中生的一些批評和諷刺很可能已經構成誹謗。而未經當事人允許便展示他們的短片和個人資料等，也很可能構成侵犯他人隱私、不當收集和使用他人資料等違法行為。

非禮勿藏

　　晴晴和朗朗都很喜歡看他們小時候的照片，因為 baby 的樣子真的好可愛！這天晚上，朗朗又拿出相簿來，跟晴晴一邊看，一邊笑。

　　翻到晴晴半歲大的照片時，朗朗忍不住大笑：「哈哈，你小時候怎麼老不穿衣服？」晴晴指着照片氣鼓鼓地說：「這些都是洗澡時拍的啊，穿衣服才奇怪吧！」

　　又看了幾張，朗朗突然想到自己的 Facebook 最近都沒什麼人點讚，便提議：「不如我把這些相片放上

Facebook 吧？一定很多人點讚呢！」

　　晴晴馬上大叫起來：「不可以！那樣太丟人了！」

朗朗覺得無所謂：「有什麼關係呢，你當時只是個

baby，而且我的 Facebook 好友只有幾個同學和姑姐跟

舅父他們而已，就讓大家開心一下嘛！」

Q 晴晴問法寶：「我覺得哥哥這樣做，真的很不尊重我，是不是？」

A 法寶聽後對朗朗說：「朗朗，你千萬不能這樣做！這不單是不尊重妹妹的私隱，而且大量收集兒童的裸體照，還可能是刑事罪行呀！」

根據香港法例第 579 章《防止兒童色情物品條例》第 3 條，任何人製作、發佈兒童色情物品即屬刑事罪行，可以被判處監禁和罰款。而兒童的裸體照片，尤其是一些包含了裸露的敏感部位的照片，有可能被法院裁定為「兒童色情物品」（參見第 2 條「兒童色情物品」的定義）。同時，在一定情況下，管有兒童色情物品也屬於違法行為。

非禮勿動

　　最近朗朗的班上轉來一個男同學，叫做浩林。可能因為跟大家還不熟，浩林總是很害羞，有幾個同學便想作弄他。

　　這天有體育課，男生都進了男更衣室換體育服。可是，當浩林準備換衣服的時候，卻發現所有衣服都不見了。這時，那幾個作弄他的同學便圍上來，指着他大笑：「你就這樣去上課吧！」「一定會被警察抓起來！哈哈！」不止這樣，他們中一個叫大元的同學還拍打浩林的屁股，其他人也學大元，圍着浩林又笑又

打。浩林只能光着身體，站在更衣室裡大哭。

朗朗在一旁看到，覺得很氣憤。他推開那幾個同學，把自己的外套借給浩林，又轉頭對大元他們說：「你們快把衣服還給他！不然我就告訴老師！」那幾個同學瞪着朗朗，雖然很不甘心，但也怕老師責怪，便把藏在角落裡的衣服還給浩林。

Q 朗朗很生氣地對法寶說：「這些同學真的很過分，開玩笑也不應該開成這樣呀！」

A 法寶很嚴肅地說：「朗朗，這不單是開玩笑的問題，還可能比欺凌更嚴重。因為我們的身體只有在我們同意時才可以讓其他人接觸。如果在對方不同意的情況下，蓄意接觸他的身體，尤其是敏感部位，很有可能構成猥褻侵

犯罪，俗稱『非禮』，後果會非常嚴重。而且非禮罪不單是
男與女之間的事，同一性別接觸也可以構成非禮！」

法寶資訊　猥褻侵犯（非禮）

根據香港法例第 200 章《刑事罪行條例》
第 122 條，任何人猥褻侵犯另一人，便屬
於刑事罪行，最高可被判處監禁 10 年。
有些行為是明顯的猥褻，例如在未經同意
之下觸摸他人身體的敏感部位。有些行

為，則需要在裁定侵犯人和受害人的關係、背景及事發時
的情況後才能被判定為猥褻。雖然受害人的同意可以作為
抗辯理由，但如果受害人未滿 16 歲，便不能使用這個抗
辯理由。同時，猥褻罪並沒有性別要求，因此，同性別的
接觸也可以被裁定為猥褻侵犯。

校園欺凌

今天小息的時候，晴晴班裡的幾個同學玩起了捉迷藏。其中一個同學冰冰一時想不到好地方，便跑到洗手間的廁所格裡躲起來。可是，有一個頑皮的同學珍珍猜到冰冰躲在洗手間裡，便想作弄她。珍珍找來一根掃把，偷偷從外面將廁所格的門卡住，這樣就算冰冰想出來，也沒辦法開門了。

小息快要完結時，還是沒有人找到冰冰，她覺得很得意，想走出來讓其他人認輸。可是，她這才發現廁所格的門無論怎樣都打不開，她覺得很害怕，便大

哭大叫起來。

　　晴晴碰巧進了洗手間，她聽見廁所格裡的動靜和哭聲，才發現有人用掃把頂住了廁所門，她趕緊拿走掃把，救了冰冰出來。

Q 晴晴回家後告訴法寶這件事：「這些同學很頑皮，她們不應該這樣戲弄同學，讓冰冰差點上不了課，她很可憐呢！」

A 法寶教晴晴：「晴晴，這不單是頑皮的問題，在法律上已經構成非法禁錮罪。我們不可以沒有合理原因違反他人意願而限制其行動自由，這是嚴重的刑事罪行。」

Ⓐ 晴晴說：「噢！那我要警告哥哥，再不可以趁我去廁所的時候把門反鎖，關了燈來戲弄我！」

法寶資訊　　非法禁錮

非法禁錮是普通法罪行，指的是完全剝奪受害人的自由，在沒有合法理由下，禁止對方離開一處地方。即使禁錮的時間很短，也可被定罪。同時，如果有一人威脅他人要使用暴力，恐嚇受害人留在原地，也可被判定為非法禁錮。

6

父母打仔天經地義？

上個星期，朗朗家樓下搬來了一家人。新鄰居家有一個跟朗朗差不多大的男孩，叫偉明。偉明很活潑，很快便跟朗朗成為好朋友，兩個人經常一起在屋苑踢球。

但是，自從偉明家搬來後，朗朗便經常在晚餐時間聽見樓下傳來一些非常嘈雜的吵鬧聲，像是偉明的媽媽在很大聲地教訓他。昨天，朗朗甚至聽到偉明哭着大喊：「媽媽不要打我！很痛！不要打我！」之後還聽到打碎玻璃的聲音。

朗朗非常擔心，就問爸爸：「偉明的媽媽會不會打傷他？我們要不要去看一看？」爸爸說：「教導小孩是別人的家事，我們不方便干涉。」

　　今天一早，朗朗在樓下碰見偉明，忍不住問他：「你還好嗎？」偉明像是吃了一驚，回答道：「很好啊，怎麼了？」朗朗沒有再問。可是，朗朗看見偉明的手臂上有一些瘀青，不知道是不是被他媽媽打了之後留下的呢？

Q 朗朗愁容滿面地問法寶:「法寶,我真擔心偉明的安全呢!我該怎麼幫他呢?」

A 法寶答道:「如果你覺得真的發生了嚴重暴力事件,你必須報警求助。雖然父母有教導孩子的權利,但也不能襲擊或虐待孩子,這是犯法的。更何況,打罵根本不是教導孩子最有效和最正面的方法。」

家庭暴力是嚴重的違法行為。父母如果用暴力管教子女，可以構成普通襲擊或襲擊造成身體傷害的罪行，會被判處監禁和罰款（參見香港法例第 212 章《侵害人身罪條例》第 40 條和第 39 條）。同時，家庭暴力也可以構成恐嚇、猥褻侵犯等刑事罪行（參見第 200 章《刑事罪行條例》第 24 條和第 122 條）。

家庭暴力會使受害人的精神、身體受到極大傷害，如果發現有這種情況，應立即向政府相關部門（如警署和社會福利署等）和社會福利組織求助。同時，香港法例第 189 章《家庭及同居關係暴力條例》還規定，受害人以及受害人的親屬可以向法院申請強制令，禁止施暴的家庭成員使用暴力或禁止其進入受害人的居所。

紅牌出場

今天學校舉行班際足球比賽，朗朗擔任前鋒，代表自己班的足球隊上場。

比賽進行到一半的時候，朗朗得到一個機會，攻入對方的半場！眼看着就快要進球，可是對方的後衛突然一腳鏟球，把朗朗撞倒了！

一個大好的進球機會沒有了，朗朗的腳也差點受傷。雖然球證判了一個罰球給朗朗一隊，不過很可惜，罰球沒有成功射入對方龍門。朗朗和他的隊友都覺得非常生氣。

下半場開始後，朗朗又得到一次進攻機會！剛才撞倒他的後衛又擋在他面前。朗朗覺得機會來了，狠狠地將那個後衛推在地上。但他的動作被球證發現了，球證馬上鳴哨，舉起紅牌，將朗朗趕出場！

Q 朗朗很不開心，回家後問法寶：「為什麼我被撞倒，球
證只判了一個罰球，而我推跌別人，卻要被趕出場呢！
很不公平呀！」

A 法寶教朗朗：「朗朗你這樣做十分不對呀！對方踢倒你
是在運動中的正常衝撞，他並非故意傷害你。而你卻是
故意報復去推倒他人，首先這是犯了球例；其次，還違

背了體育精神；更嚴重的是，你在運動的合理衝撞範圍以外故意傷害他人身體，是可能構成襲擊或傷人罪的！」

法寶資訊
普通襲擊／傷人

根據香港法例第 212 章《侵害人身罪條例》第 40 條，對他人進行普通襲擊是刑事罪行，最高可判處監禁 1 年。「襲擊」是指令受害人感到即時會受到威脅或暴力對待的行為。例如在很近的距離內向他人舉起拳頭，即使拳頭沒有打中對方，也有可能被判定為普通襲擊罪。毆打他人當然構成一種襲擊。任何人在沒有取得他人同意的情況下觸碰對方，或缺乏合法理由而觸碰對方，就可以構成襲擊。如果因襲擊造成他人的身體受到實際傷害，則會受到更嚴重的懲罰，最高可判處監禁 3 年（參見《侵害人身罪條例》第 39 條）。

踏單車

今天是週末，天氣很好，晴晴和朗朗一家到郊外踏單車。當他們抵達一段沒有設單車徑的路時，爸爸說：「大家都下來推着車走吧，不要在行人路上踏單車！」

朗朗正玩得開心，不想下來，便說：「這裡是郊外，又沒什麼人，我們在行人路上騎也沒事吧！」爸爸不同意。朗朗不太高興，又覺得爸媽騎車太慢，便跟他們提議說：「不如我和晴晴先騎車走，你們要下來推車的，我們在終點等你們就好了！」

Q 晴晴有點擔心，便問法寶：「我和哥哥在行人路上騎一段路安全嗎？」

A 法寶回答道：「我們在香港踏單車除了要注意自己和路上其他人的安全之外，還要遵守交通法律。你們在行人路上踏單車已經違法，另外，交通法律是禁止小孩自己在路上踏單車的！你們還是一家人一起慢慢推車走吧！」

法寶資訊　單車交通

根據香港法例第 374 章《道路交通條例》第 45 條，任何人在路上魯莽地騎踏單車，即屬犯罪，可被判處監禁和罰款。第 46 條則規定不小心地使用單車會被判處罰款。香港法例第 228 章《簡易程序治罪條例》第 4（8）條亦指出，任何人如無明顯需要而在行人路上駕駛，即屬犯罪，最高可判處罰款 500 元或監禁 3 個月。同時，《道路交通條例》第 54 條還規定，任何人不得允許 11 歲以下的兒童在沒有成年人陪同下在道路上騎踏單車，如果違反可被判處罰款。

突然最高分

言論自由的
界線

複印圖書
更划算？

慈善大過天？

背着媽媽
買遊戲

一言既出

老土的國王

旅行不可
以帶書？

謹言慎行

(1) $\frac{1}{3} \times 2 - \frac{2}{3}$

(2) $\frac{2}{25} \times 4$

(3) $1\frac{3}{4}$

突然最高分

　　熹熹是晴晴的同學。他的數學常常考很低分，但數學老師一直鼓勵他：「你是個聰明的孩子！只要你加倍努力，一定會有好成績！」結果在這學期的中期考試中，熹熹竟然得到全級數學最高分！

　　同學們簡直不敢相信。有些同學在熹熹背後議論說：「一定是作弊吧！他以前可從來沒有這麼厲害過呢！」「對呀，就憑他自己，怎麼可能考這麼高分！」這些話甚至傳到其他班級，現在連隔壁班的同學都知道，晴晴班上有同學靠作弊得了高分！

這些難聽的話也傳到了熹熹耳中。這個學期在老師的鼓勵下，為了證明自己是個聰明的孩子，他每天放學回家後都會溫習數學。可是他沒有想到，竟然有這麼多人不相信他是憑自己努力得到高分的！熹熹覺得很委屈，每天都很不開心，有時甚至在教室裡哭起來。

　　老師聽說了這件事，找出了造謠說熹熹作弊的那幾個同學，不止處罰了他們，還讓他們向熹熹道歉。

Q 晴晴問：「其實熹熹突然拿到全級最高分，同學懷疑他也不奇怪，老師經常說，有懷疑就要提出，為什麼老師還要懲罰他們呢？」

A 法寶回答：「雖然大家懷疑，但在沒有調查清楚及沒有事實根據的情況下，便一口咬定熹熹作弊，損害他的聲譽，便會構成誹謗，是要負法律責任的。所以我們要記

住，懷疑歸懷疑，事實還是事實，不能隨便說啊，否則犯了法也不自知呢。」

法寶資訊　言論自由．晴晴篇

根據香港基本法第 27 條，香港居民享有言論、新聞、出版等自由。同時，根據香港法例第 383 章《香港人權法案條例》第 16 條，香港居民享有發表和傳播各種消息和思想的自由。但行使這項權利是受到限制的，比如，任何人行使這項權利都需要尊重他人必要的權利或名譽。

誹謗是普通法中的一種侵權行為，構成誹謗需要滿足三個基本條件，可簡單概括為：（1）相關陳述有誹謗含義（例如損害他人聲譽、貶低他人等）；（2）陳述指明原告；（3）陳述向第三者轉達。另外，香港法例第 21 章《誹謗條例》對普通法有關誹謗的內容做了補充。

言論自由的界線

朗朗在時事課上跟同學一起討論外國同性婚姻的問題。大家議論紛紛，漸漸分成贊成和反對兩派，辯論越來越激烈，後來大家開始相互指責、人身攻擊。贊成派指責反對派沒有禮貌，不懂得尊重人；反對派說贊成派的想法很奇怪，甚至說贊成派的一位同學不男不女，「我們才不會想跟你這種人做朋友！」弄得那個同學當場哭了！

法寶問答時間

Q 朗朗問:「老師經常說我們可以自由討論,但其實自由討論弄成這樣子我也非常不開心,到底怎樣才是自由討論呢?」

A 法寶說:「言論自由在香港是受到法律保障的,但是言論自由也並不是沒有界線。我們不能因為行使自己的言論自由而對他人作出人身攻擊或者一些沒有事實根據

的指控。這樣不單可能誹謗他人，如果對他人作出威脅的話，更可能犯上刑事恐嚇罪。所以我們行使言論自由的時候，也必須懂得尊重別人、遵守法律。」

法寶資訊 言論自由・朗朗篇

行使言論自由需要尊重他人的權利或名譽。根據香港法例第 200 章《刑事罪行條例》第 24 條和第 27 條，任何人如威脅另一人，造成其名譽或財產受到損害等嚴重情況，均構成刑事恐嚇，最高可判處監禁 5 年和罰款。

複印圖書更划算？

　　晴晴的學校要求他們每兩星期交一篇閱讀報告。這個星期，她看中了一本最新出版的書，書名叫做《如何成為魔術師》。

　　可是，當她去學校圖書館找這本書的時候，卻發現同班同學心兒已經將這本書借了出來，正捧着讀呢。

　　「怎麼辦呢？」晴晴心想。她真的很想看這本書；而且，閱讀報告也得快點寫好啊。

　　這天她跟心兒一起放學回家，路上經過幾家複印店，晴晴突然有了主意，便問心兒：「你可不可以把

《如何成為魔術師》借給我複印？我複印完還給你，那我們倆便可以同時讀這本有趣的書了。」心兒很爽快地說：「好啊，明天回到學校就拿給你。」

Q 晴晴回到家，一臉得意地對法寶說：「你看，這本書一共 150 頁，在書店裡賣 80 元，可是複印都不用 50 元。複印來看比買來看還要合算，我是不是很聰明呢？」

A 法寶趕緊對晴晴擺手：「你千萬不可以把整本書拿去複印呀！這是嚴重侵犯作者和出版社的版權的行為，你可能要賠償他們損失兼且負上刑事責任呢！如果你真的想

看這本書，可以等心兒看完再借來看，或者到政府的公共圖書館借呢。」

法寶資訊　圖書版權

版權，指的是對於原創作品的所有權，它可以使文學或藝術作品中的創意受到保護。根據香港法例第528章《版權條例》第22條和第23條，任何人未經版權擁有人的允許，而自行複製他人作品的，即屬侵犯版權的行為。版權人可以對侵權人提起訴訟並要求相關補償（參見《版權條例》第107條）。晴晴想看的這本書剛剛出版，那麼作品應當屬於版權保護的期限內（參見《版權條例》第17條），私自複印這本書便是侵犯版權。

慈善大過天？

　　暑假到啦，朗朗和同學籌組了一個環保學會，他們打算趁着放假義賣Ｔ恤，來幫助一些環保組織籌款。可是，設計Ｔ恤是一件令人很頭疼的事，既要宣傳環保意識，又要能吸引人買。最後，他們決定在白色的Ｔ恤上印一些環保圖片。

　　朗朗想起常常在網上看到很多精美的圖，或者可以拿來用呢？於是，他上網找了很多有機農場、花花草草、湖泊森林的圖片，每一幅都很漂亮。

　　大家都說，如果把這些圖片印上去，Ｔ恤一定會

賣得很好！聽到大家這麼說，朗朗很開心，他整理好
圖片，準備拿去打印公司製作Ｔ恤。

Q 朗朗向法寶推薦說：「你有沒有興趣買一件呀？這些 T
恤是用來籌款做慈善的！」

A 法寶大驚失色：「有麻煩了！你不可以在網上隨便下載
照片印在自己的產品上出售呀！這會侵犯照片版權人的
權利。照片版權一般屬於拍攝者，未得拍攝者同意便不
可以擅自使用他的照片。」

Q 朗朗一臉無辜地說：「可是我找不到誰是拍攝者，也不知道怎樣聯絡他們，何況我不是為了賺錢，只是為了做慈善，應該沒問題吧！」

A 法寶耐心地解釋說：「雖然找不到攝影者是誰，但也不等於你可以侵犯他們的版權。侵犯版權和你使用照片的方式也沒有關係。所以你還是自己到郊外拍一些照片，或者和同學一起畫一些環保圖畫作為 T 恤圖案，這樣會比較穩妥。」

法寶資訊　圖片版權

文學、音樂、藝術作品和照片等都受到版權的保護。版權保護的期限一般延續到創作人離世後 50 年為止。侵權作品的用途並不能使侵權的行為得到寬恕或豁免。即便是為了做慈善，也不能令侵權行為變得合法。

網上資料隨便用？

　　這週美術老師給晴晴的家課，是設計一個垃圾分類回收箱。晴晴覺得這也太簡單了，因為網上關於垃圾分類回收箱的資料實在是太多了！

　　回家後，晴晴真的在網上找到一個得過獎的設計，這個設計既有創意，又很實用，真是太合適啦！晴晴將這個設計稍微改一改，輕輕鬆鬆地完成家課，交給了老師。

　　老師收到晴晴的家課後，覺得很眼熟，好像在哪裡看過，於是上網搜尋。結果發現真的是別人發表過

的作品！老師狠狠地教訓了晴晴一頓：「這是別人的作品，怎麼能直接拿來當做自己的呢？」她讓晴晴重做家課，而且一定要是自己的原創設計。

Q 晴晴很委屈地問法寶：「老師經常說我們做功課的時候，可以在網上蒐集資料，但是為什麼我找到這個環保回收箱的設計資料，老師又說我不可以依照這個設計做呢？」

A 法寶回答說：「我們可以蒐集資料，但是我們必須說明資料的來源，不能把他人的創作作為自己的創作使用，否則便侵犯了他人的設計版權。你這樣做除了是撒謊，還是犯法呢。」

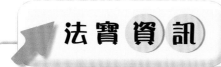 **法寶資訊** 侵犯版權・抄襲篇

抄襲是抄錄他人作品以作為自己的著作的行為。學術抄襲在許多情況下構成了對作者的版權侵犯，是違法行為。另外，學術抄襲是嚴重的學術不誠實行為，會被教育機構和專業團體懲罰。為避免抄襲，引用者需要註明原著作者或寫明出處。

「拍」電影

下週是朗朗的同學恩悅的生日，恩悅的爸爸邀請了十多個同學去看電影。朗朗看着邀請咭，心想：「嘩！這電影晴晴也想看，可是她沒有被邀請……」

但朗朗馬上想到一個辦法。

他走去問媽媽：「媽媽，下個禮拜恩悅的生日那天，能不能借您的手提電話給我？」

媽媽覺得很奇怪：「你要手提電話幹什麼呢？是想拍照嗎？」

朗朗說：「不是啦，恩悅家請我們看電影，那套電

影晴晴也很喜歡，我想用手機把電影錄下來，帶回家
給晴晴看。而且，之後也可以給來不了生日會的同學
看啊！」

Q 朗朗興奮地問法寶：「你是不是也想看這部電影？我到時候可以把電影錄像傳給你！」

A 法寶聽後哭笑不得地說：「朗朗，你關心妹妹，我覺得很高興。但你知道嗎？如果你這樣用手機拍下電影，便侵犯了電影的版權，違反了版權法律，有可能同時負民事和刑事責任，要賠錢兼坐監的！」

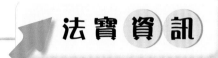

法寶資訊 侵犯版權・電影篇

根據《版權條例》第 118 條，任何人將
版權複製品作出售或出租之用，或以貿易
目的分發複製品等，會被視為刑事犯罪，
有可能面臨監禁和高額罰款。

　　星期一早上第一節是中文課。每週一，同學都要把上週給父母看完簽名後的默書簿，交回給老師。上週晴晴的分數很好，所以她一到課室便把媽媽簽好的默書簿交給了老師。

　　可就在這個時候，同學悠悠有些慌張地來找她：「不好了，我忘了拿默書簿給我爸爸簽名！你寫中文字比較漂亮，可不可以幫我簽上我爸爸的名？」晴晴吃了一驚，回答說：「我不可以冒充你爸爸簽名，這樣騙老師是不對的！」

悠悠哀求她說：「我只是一時忘記了，而且我的分數也不低，老師肯定不會怪我們的。拜託你了！」

晴晴最後還是沒有答應悠悠。悠悠非常生氣，對晴晴說：「你這樣還算是好朋友嗎？！」於是，她自己冒簽了爸爸的名字，然後交給老師，而且整整一天沒跟晴晴說話。

Q 晴晴很委屈地問法寶：「我是不是一個不好的朋友？」

A 法寶拍拍晴晴的肩膀說：「晴晴你做得非常對！冒充父
母簽名除了是欺騙老師，是非常不誠實的行為之外，也
可能構成行使假文件的刑事犯罪行為，如果罪成，是有
機會被判入獄的！」

法寶資訊 偽造文件・晴晴篇

根據香港法例第 200 章《刑事罪行條例》第 71 條和第 73 條，任何人製造或使用虛假文書，而使另一人蒙受不利或損失，便構成偽造的罪行，最高可被判處監禁 14 年。同時，偽造家長簽名在特殊情況下還可能構成欺詐罪行，根據香港法例第 210 章《盜竊罪條例》第 16A 條，任何人有詐騙意圖以欺騙他人，而使自己獲得利益或使他人蒙受經濟損失，都可以構成欺詐罪，並可被判處監禁。

複製戲票

又到了一年一度校園音樂劇日啦！這個舞台表演每年都很受歡迎，所以戲票也很難買到。

今年，朗朗有個好朋友在劇中當主角，所以門票開賣第一天，他便早早登入學校網站訂好票。果然，所有票不到兩天就已經賣光了。

朗朗的另一個好朋友浩浩卻忘了在網上訂票。他跟朗朗說：「戲票是沒定座位的，一定有人買了票卻不去，到時候就有空位啦。你可不可以把你的票彩色複

印一張給我？那我就可以和你一起去看表演了。」

　　浩浩看到朗朗有些猶豫，便哀求他說：「你就幫幫

朋友吧！」

Q 朗朗感到很疑惑，便去問法寶：「其實借戲票給他複印應該也沒什麼大問題吧，平時我也常常把學習資料借給他複印啊。」

A 法寶緊張地說：「朗朗，你千萬不要把戲票借給他複印，這是製造假戲票，是欺詐行為，也可能涉及行使假文件的罪行，你協助他，也是一同犯法！」

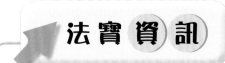

複製戲票使用，不單侵犯了戲票設計者的版權，還構成製造和使用虛假文書罪。根據香港法例第 200 章《刑事罪行條例》第 71 條和第 73 條，任何人製造或使用虛假文書，而使另一人蒙受不利或損失的，便是犯偽造的罪行，最高可被判處監禁 14 年。另外，任何人有詐騙意圖地欺騙他人，而使自己獲得利益或使他人蒙受經濟損失的，都構成香港法例第 210 章《盜竊罪條例》第 16A 條的欺詐罪，並可被判處監禁。

背着媽媽買遊戲

這個週末，晴晴去了好朋友心心家玩。

兩人一起做手工、吃雪糕，玩了一整個上午，真是開心！

這時，心心把她媽媽的手機拿過來，解鎖之後對晴晴說：「最近有個手機遊戲很流行，我們下載了一起玩吧？」

晴晴看見心心的媽媽正在廚房做菜，就說：「這是你媽媽的手機，你是不是要先問問她？」

心心笑笑說：「不用啦，反正我知道她的網上商店

付款密碼，我來下載吧！」

晴晴覺得這樣不太好，但也沒有阻止心心這樣做。

於是，心心開始用她媽媽的手機逛網上商店，不僅下載了好幾個免費遊戲，還輸入媽媽的支付密碼，買了兩款付費遊戲！

法寶問答時間 ?

Q 晴晴回家後仍然覺得不安，就把這件事告訴法寶。

A 法寶很嚴肅地說：「心心不可以這樣做。首先，不是每一款手機遊戲都適合小孩玩，心心應該先問准家長；其次，未得機主同意就擅用他人手機密碼下載付款遊戲，有可能已觸犯不誠實使用電腦罪和盜竊罪，可以被判罰款和監禁。」

法寶資訊

不誠實使用電腦．晴晴篇

根據香港法例第 200 章《刑事罪行條例》第 161 條，任何人以不誠實的目的使用電腦，如意圖欺騙、使他人蒙受損失或使自己不正當獲益等，即屬刑事罪行，最高可被判處監禁 5 年。同時，香港法例第 106 章《電訊條例》第 27A 條規定，任何人不得在未獲授權的情況下取用他人電腦內的程式和數據。另外，根據第 210 章《盜竊罪條例》第 2 條和第 9 條，任何人不誠實地挪佔、並意圖永久剝奪屬於另一人的財產，即屬盜竊罪，最高可判處監禁 10 年。有關盜竊罪的詳細定義，參見《盜竊罪條例》的第 3 至 7 條。

拿密碼　抄功課

今天早上，朗朗回到學校後，突然想起他昨天忘了做今天要交給老師的閱讀報告。這可怎麼辦？一定會被老師罵的！於是，他問同學希文可不可以借功課給他抄。希文攤開手說：「不早說呀，我已經把閱讀報告交給老師了，沒法借給你了。」

朗朗急得額頭直冒汗，希文看他可憐兮兮的樣子，便很神秘又有些得意地對朗朗說：「我有個辦法，不過不知道你敢不敢。」朗朗趕緊抓住希文：「快說快說！有什麼不敢的！」希文悄聲說：「我聽說彤彤會把

功課備份在電子郵箱裡，只要你進她的電子郵箱，就可以拿到閱讀報告來抄！」

朗朗呆了一下，問希文：「這樣……可以嗎？而且，我不知道彤彤電子郵箱的密碼啊！」希文一副胸有成竹的樣子，說：「有什麼不行的！她喜歡用自己的生日作密碼，你試一下，肯定沒錯！」

法寶問答時間❓

Q 朗朗拿不定主意，就去問法寶。

A 法寶聽了之後說：「朗朗，如果你這樣做便大錯特錯！我們每個人都會犯錯，只要知錯能改，坦白承認，老師是會明白的。如果撒謊隱瞞，偷偷進入同學的電子郵箱抄襲功課，這除了是非常不誠實的欺騙行為之外，還觸犯了法律。盜用他人電腦密碼偷看電郵，是犯了不誠實

使用電腦罪；而抄襲閱讀報告，也侵犯了同學作為報告作者的版權，違反了《版權條例》。」

盜用他人密碼偷看電郵，除可能觸犯香港法例第 200 章《刑事罪行條例》規定的不誠實使用電腦罪，以及第 106 章《電訊條例》規定的未經授權取用他人電腦的程式和數據等罪行外，根據第 528 章《版權條例》第 22 條和第 23 條，任何人未經版權擁有人的允許，而自行複製其作品，即屬侵犯該作者版權的行為。版權人可以對侵權人提出訴訟並要求相關補償（參見《版權條例》第 107 條）。在故事中，彤彤擁有她所創作的報告的版權（參見《版權條例》第 11 條和第 13 條）；而朗朗如果抄襲彤彤的閱讀報告，則可以被視為未經版權人允許而複製其作品。

一言既出

　　學校一年一度的交換舊書活動又開始了！晴晴和同學要把自己想用來交換的舊書寫進名單，然後相互交換。

　　安迪很喜歡晴晴的《科學小百科》，剛好晴晴也想看安迪的《安徒生故事》，所以他們便決定交換了。這天是他們約好的交換日，安迪將《安徒生故事》帶來學校交給晴晴，晴晴卻忘了帶《科學小百科》回來。晴晴有點不好意思地對安迪說：「我明天一定一定會把《科學小百科》帶來！」安迪笑着擺擺手：「沒關係啦！

你就先把《安徒生故事》拿回去吧！」

晴晴回家之後，就從書架上取下《科學小百科》，準備裝進書包。這時朗朗卻走過來說：「啊啊，這本書我還沒看完呢，你要拿去哪裡？」晴晴說了她與安迪的約定，朗朗很不以為然地說：「有什麼關係！你又沒有跟他簽合約，明天跟他解釋一下，找另外一本書給他就好啦！」

Q 晴晴覺得很為難，便問法寶：「我口頭答應了安迪，是不是就可以改變主意呢？我心裡還是覺得不舒服呢！」

A 法寶認真地說：「我們承諾了人家的事情，當然要盡力辦妥，否則不單違反誠信，在買賣當中可能已經違反了合約法，對方是有權要求我們賠償損失的，因為口頭承諾也可以構成正式合約！」

 **法寶資訊** 合約構成

在香港合約法中，合約的定義是具有法律效力的協議。協議可以是書面或者口頭形式。合約的構成有四項基本要素：（1）合約各方有意圖訂立具法律效力的協議；（2）有一人提出協議（要約）；（3）有一人接受協議（承約）；（4）每個人提供有價值的付出（約因）。在這個故事中，安迪和晴晴同意了交換，並且都需要付出一本書，就已經滿足了要約、承約和約因這三個要素。雖然在一般情況下，法庭不會裁定朋友之間的普通承諾具有法律效力，但如果在足夠正式的買賣場合，安迪有證據證明，他和晴晴均有意圖讓換書的協議具有法律效力，即滿足要素（1），那麼晴晴就需要賠償安迪的損失。

貨不對辦

　　朗朗家最近打算更新電腦設備，把黑白打印機換成彩色打印機。不過，怎樣處理原先的黑白打印機，卻變成一個問題。

　　朗朗向爸爸提議：「打印機還很新，不如我們放到網上賣，說不定可以賣出去呢！」爸爸也覺得這主意不錯：「好呀！不過，我可沒有試過在網上拍賣呢。」

　　朗朗拍拍胸脯說：「讓我來搞定吧！一定能賣個好價錢！」

於是，朗朗將這台打印機的資料放上網，在商品描述這一欄填的是：「全新款黑白打印機，少用，九成新，如有意請和我聯繫。」

全新款黑白打印機

少用，九成新

如有意請和我聯繫

Q 朗朗得意地問法寶：「我這個描述寫得好不好，是不是很容易吸引買家呢？」

A 法寶看了商品描述之後大吃一驚：「你賣東西不能只看推廣效果，還要注意誠實合法，這台黑白打印機明明已經用了四年，不可能是近期新款，更不可能是九成新。

你這樣做明顯違反了《商品說明條例》，是犯法的！你快

點改掉打印機的描述吧！」

法寶資訊　商品說明

根據香港法例第 362 章《商品說明條例》

第 7 條，任何人在商業運營過程或業務

運作中對貨品作虛假的說明，或供應具有

虛假說明的貨品都屬於犯罪，一經定罪，

最高可被判罰款 50 萬元及監禁 5 年。網上的購物和交易

也受到《商品說明條例》的管制。朗朗對黑白打印機的描

述可以看成是對商品性能的虛假說明，買方更可以要求朗

朗賠償損失。

老土的國王

今年冬天香港真冷啊！為了避開寒流，晴晴的爸媽帶着全家搭飛機去外國旅行，那裡氣候溫暖，離香港也不算遠。

下飛機後往酒店的路上，晴晴好奇地東張西望。她發現很多餐廳、公共汽車站和附近的街道，都貼着一個穿着華麗衣服的男人的照片。

晴晴覺得很有趣：「哈哈哈！為什麼這個地方這麼古怪，到處都是這個男人的照片？他的髮型、眼鏡和穿的衣服都很老土，像是舊電影裡的人，太搞笑了！」

爸爸聽到之後，趕緊叫她別再說下去：「這個人是他們的國王，我們千萬不要在這裡亂說話！」

Q 晴晴不明白，便問法寶：「爸爸平常很鼓勵我提出想法和多發問，為什麼他突然不准我繼續講呢？」

A 法寶說：「我們去其他國家旅遊的時候，必須尊重當地的法律和文化，在這個國家，對國王不敬和拿國王的肖像開玩笑是犯法的！」

基本法在香港的法律中享有最高地位，它
規定了香港在「一國兩制」的原則下，
以普通法為依歸，由成文法作補充的特別
的法律體系。香港的法律制度深刻地反映

了法治及司法獨立的精神。香港的法律體系與中國內地和
世界許多其他地區有很大不同。概括來講，香港屬於普通
法系，中國內地則總體屬於大陸法系，同時受到社會主義
法系和英美法系影響。香港與其他地區的法律也有許多不
同。比如在泰國，國王是泰國的元首，冒犯皇室在泰國是
違法行為，會被監禁。

旅行不可以帶書？

今年暑假，朗朗跟隨學校的遊學團到中東一個回教國家兩個星期，參加文化交流活動。出發前，朗朗聽說那個國家沒有什麼好玩的地方，就特意去便利店買了幾本他喜歡的娛樂雜誌，這樣到了那邊也不怕悶了。

上飛機前一天晚上，媽媽幫他整理行李。當媽媽發現這幾本雜誌時，臉色都變了，她很嚴厲地對朗朗說：「這幾本書不可以帶上飛機，不然會惹上大麻煩！」

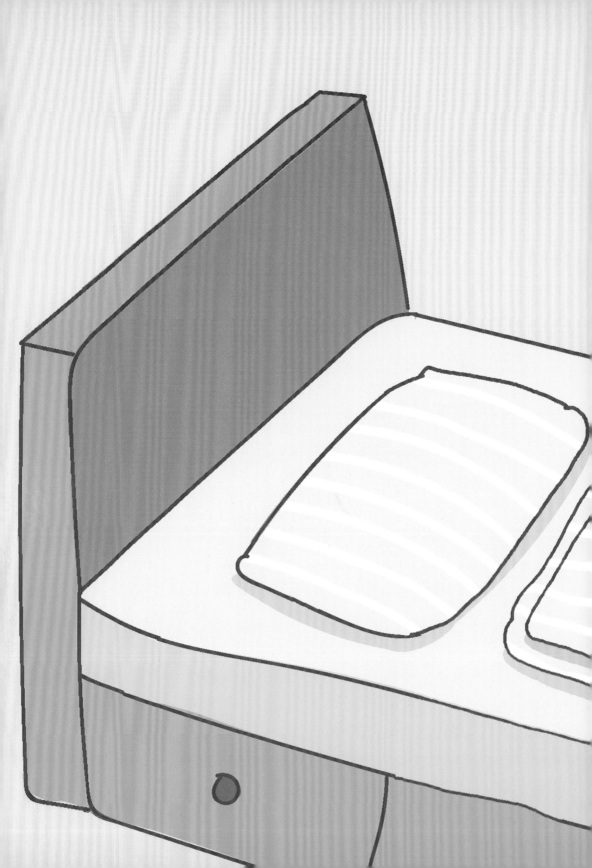

Ⓠ 朗朗不明白媽媽的話，就問法寶：「媽媽經常叫我多看書刊，少點打遊戲機，但她為什麼不准我帶雜誌去中東？」

Ⓐ 法寶回答道：「中東回教國家有他們的文化和法律，對出版物的尺度可能比香港保守得多，所以帶刊物入境之前，必須要清楚刊物是否可能違反當地的法律。例如，

有些中東國家甚至禁止雜誌刊登任何泳衣照片或者穿着性感的模特兒照片。這些照片在我們看來也許是時尚，但在當地可能已經違反了法律和侵犯了人家的宗教信仰啊！」

法寶資訊　香港與其他地區法律體系的不同．朗朗篇

香港也有規管不雅刊物的法律。香港法例第 390 章《淫褻及不雅物品管制條例》第 21 至 24 條規定，任何人不得發佈淫褻的刊物、影片、紀錄碟等物品，不得向青少年發佈不雅物品並且對向成年人發佈不雅物品作出特殊限制。違反者會被判處監禁和罰款。這裡「淫褻」及「不雅」的物品一般指帶有暴力、腐化或可厭的成分的物品。在香港，物品是否屬於不雅或淫褻則由專門成立的淫褻物品審裁處裁定。

三隻小豬
後傳

狼來了
後傳

小紅帽
後傳

國王的
新衣
後傳

猜猜看

三隻小豬後傳

大家都聽過三隻小豬的故事吧！雖然豬媽媽不在家，小豬兄弟卻靠自己的智慧，趕走了兇猛狡猾的豺狼。

豺狼被趕走後，豬媽媽才聽說這件事。她急匆匆地從街市趕回家，一回到家便抱住小豬，又笑又哭：「我的孩子真是太聰明了！可是想起來都害怕呀……嗚嗚嗚……媽媽再也不離開你們了！」

村民也紛紛到小豬家裡問候。

可就在這個時候，牛警官突然來到小豬兄弟家裡。他說：「這裡有人涉嫌違法，我要拘捕他！」

大家都驚呆了，有人問：「豺狼已經被趕走了，還要拘捕誰呢？」

猜 猜 看

牛警官會帶走誰呢？

答案在：猜猜看！

◎ 晴晴對整件事感到不解:「為什麼要抓豬媽媽呢?豺狼才是大壞蛋呢!」

Ⓐ 法寶解釋道:「雖然豺狼是大壞蛋,牛警官肯定會追捕他,但是,三隻小豬要獨自冒着那麼大的危險去對付豺狼,是因為豬媽媽把他們獨留在家中,而豬媽媽這樣

做，有可能已經觸犯了疏忽照顧兒童罪，是可以被判處罰款和監禁的！」

法寶資訊　　疏忽照顧兒童

根據香港法例第 212 章《侵害人身罪條例》第 27 條，任何超過 16 歲的人故意襲擊、虐待、忽略或遺棄由他所負責管養的不足 16 歲的兒童，而導致兒童遭受苦楚或受到健康損害，均屬刑事罪行，最高可被判處監禁 10 年。

如果父母或其他人沒有為其負責管養的兒童提供足夠的食物、衣物或住宿，也會被視為忽略照顧兒童而導致其健康受損害，並面臨刑事指控。

狼來了後傳

大家都記得《狼來了》的結局——

愛惡作劇的牧羊童，常常對村民撒謊說「狼來了！」來戲弄他們。到有一天豺狼真的來了，便沒有村民再理會他，牧羊童只能眼巴巴地看着豺狼吃掉小羊！

等到牧場老闆聽到消息，帶了村民趕來，很多小羊已經被吃掉了！老闆大哭起來，村民都很同情他，紛紛出主意說：「都是牧羊童這個愛撒謊的孩子害的！要好好教訓他！」「對，讓他賠償！」

這時，牛警官也趕來了，他問清楚情況後對大家說：「我已經知道這裡有人涉嫌違法了，我現在就要拘捕他！」

村民覺得很奇怪，便問牛警官：「豺狼已經逃走了，您是想抓闖了禍的牧羊童嗎？可他還是個小孩，不應該抓他啊！」

猜　猜　看

牛警官會帶走誰呢？

答案：放羊娃！

法寶問答時間 ?

晴晴問：「牛警官為什麼要抓牧場老闆呢？他才是受害者呢！」

法寶回答說：「雖然牧場老闆因為牧羊童的撒謊惡作劇而損失了小羊，但是他僱用小孩做牧羊人，讓小孩子單獨面對危險的工作環境，可能已觸犯了有關兒童工作和保護童工的勞工法律。」

法寶資訊　兒童工作

根據香港法例第 57B 章《僱用兒童規例》第 4 至 6 條，任何人不得僱用未滿 13 歲的兒童，否則就是犯罪行為並會面臨罰款。年滿 13 歲而未滿 15 歲的兒童可受僱於非工業機構，但僱用仍然要受到限制，比如，需要父母書面同意僱用，僱主需要遵守特定工作條件等。

對於年滿 15 歲而未滿 18 歲的青年，香港法例第 57C 章《僱用青年（工業）規例》則規定了青年僱員的相關權利，比如最高工作時數和不能從事危險行業的工作等。

小紅帽後傳

　　森林裡的豺狼假扮成小紅帽的婆婆，想要吃掉小紅帽。雖然豺狼很狡猾，小紅帽卻機智又冷靜，她知道單憑自己的力量是沒有辦法戰勝豺狼的，所以就用了很多方法來拖延他，一直等到獵人叔叔趕來。

　　獵人叔叔趕到後抓住了豺狼。可獵人叔叔也很苦惱：該怎麼處置豺狼呢？要是他再幹壞事怎麼辦？最後，獵人叔叔把許多大石頭放進豺狼的肚子，然後把他丟進河裡。

　　小紅帽很感激獵人叔叔，她說：「叔叔，非常感謝

您救了我，我可不可以請您來我家，讓我爸爸媽媽請您吃飯道謝呢？」

獵人叔叔無奈地搖搖頭說：「小紅帽，對不起，叔叔不能跟你回家，我要趕緊去警察局自首，我可能要坐監！」

猜 猜 看

為什麼獵人叔叔要去警察局自首？

答案是因為打傷了野狼。

法寶問答時間 ?

晴晴想不通，她問法寶：「為什麼獵人叔叔這麼好人，對付大豺狼，救了小紅帽，卻還要坐監？」

法寶解釋說：「雖然豺狼做了壞事，但是獵人用自己的方法去傷害豺狼是犯法的，以暴易暴是不對的，獵人應該把豺狼送去警察局。就好像你遇見欺負別人的同學，你不應該反過來欺負他，而是應該制止他，並告訴老師。如果你欺負他，除了違反校規之外，也可能犯法。」

根據香港法例第 212 章《侵害人身罪條例》第 17 條和第 19 條，任何人非法、惡意、有意圖地傷害他人，均屬於觸犯法律的行為，可被判處監禁 3 年；如果造成他人身體嚴重傷害，甚至會被判終身監禁。正當自衛和防衛他人可以作為刑法中的一種免責辯護，但是其應用需要滿足相當高的要求，比如需要當事人切實意識到危險並使用合理的武力。在這個故事中，獵人使用的武力很可能已經超出了合理範圍。

國王的新衣後傳

　　愛打扮的國王，聽了兩個裁縫的謊話，只穿了內褲就在街上巡遊，卻沒有一個大臣敢揭穿這個謊話。最後還是多虧一個小男孩說出真相，國王才沒有繼續光着身子在街上走。

　　國王知道事情的真相後，不單沒有處罰小男孩，還打算獎賞他。國王問：「誠實的好孩子，你想要什麼賞賜？」

　　小男孩說：「國王陛下，我不要任何賞賜，只希望您教訓一下賣衣服給您的人。」

國王抓抓頭說：「那兩個裁縫其實只是撒了一個謊，從我這裡騙去一點點錢而已，是我太傻，以為自己穿了漂亮的新衣，我真的應該處罰他們嗎？」

猜　猜　看

兩個撒謊的裁縫應該受罰嗎？

答案請參考下頁提示。

晴晴問法寶：「那個裁縫撒謊是不對，但是應該沒有犯法吧？我班上也有同學向老師撒謊呀！」

法寶回答道：「撒謊不誠實是不對的。而如果故意透過撒謊而獲得利益，好比裁縫故意向國王說謊而賺錢，甚至獲得替皇室設計衣服的生意，是嚴重的違法罪行，是可以坐監的！」

法寶資訊

行騙以獲得利益

根據香港法例第 210 章《盜竊罪條例》第 16A 條，任何人有詐騙意圖地欺騙他人而使自己獲得利益或使他人蒙受經濟損失，都可以構成欺詐罪，最高可被判處監禁 14 年。就事實、法律或自己的意圖說謊，都是欺騙他人的行為。

策劃編輯	張艷玲
責任編輯	陳多寶
書籍設計	陳嬋君

書　　名	細路都識法
著　　者	吳海傑
插　　畫	楊家名
出　　版	三聯書店（香港）有限公司
	香港北角英皇道 499 號北角工業大廈 20 樓
	Joint Publishing (H.K.) Co., Ltd.
	20/F., North Point Industrial Building,
	499 King's Road, North Point, Hong Kong
香港發行	香港聯合書刊物流有限公司
	香港新界大埔汀麗路 36 號 3 字樓
印　　刷	中華商務彩色印刷有限公司
	香港新界大埔汀麗路 36 號 14 字樓
版　　次	2017 年 10 月香港第一版第一次印刷
	2018 年 2 月香港第一版第二次印刷
規　　格	16 開（170 × 230 mm）176 面
國際書號	ISBN 978-962-04-4233-9

© 2017 Joint Publishing (H.K.) Co., Ltd.

Published in Hong Kong